The Kitten Book

小猫

［日］日贩 IPS ◆编著　何凝一 ◆译

贵州科技出版社

Contents
目录

猫是一种什么生物

生物学上的猫

在生物学上，我们常见到的家猫属于动物界脊索动物门（脊椎动物亚门）哺乳纲食肉目猫科猫属家猫种。那么，美国短毛猫、缅因猫这些品种又该如何界定呢？

实际上，严格从生物学的角度来说，猫的品种这一概念并不存在。无论是传统的动物分类学，还是现在比较热门的分子生物学，均没有根据猫的品种来进行分类。不管是罕见的猫还是常见的猫，在生物学上，它们都属于猫科猫属下的家猫种。

那与猫咪一起被誉为宠物界"双璧"的狗狗呢？

从生物学角度来说，猫、狗都是动物界脊索动物门（脊椎动物亚门）哺乳纲食肉目的动物，但狗属于犬科犬属灰狼种。且不说外形酷似狼的西伯利亚雪橇犬，一眼看去与狼没有任何相似之处的马尔济斯犬其实也是狼的同类。

不仅是狗，凡是拥有肉垫的动物，比如猞猁、熊、熊猫、小熊猫、浣熊、鼬等，都属于食肉目。另外，没有肉垫的海狮、海象、海豹等也属于食肉目。

正在雪地中前行的猞猁。猞猁外形似猫，但体形比猫大得多。

家猫的起源

关于家猫的起源，有诸多说法。其中一个说法认为非洲野猫就是家猫的起源。野猫和家猫无法严格地区分开来，它们的分化时间可以追溯到约 13 万年前，最早饲养猫的记录是在 9500 年前左右，而猫作为一种家畜和人类一同生活，约是在 500 年前。

相比之下，狗的饲养历史更为悠久，大约在 1.5 万年前狗就已经被驯化，此后它们随着人类的迁徙遍布世界各地。

非洲野猫母子。有一种说法认为这种猫是家猫的祖先。

猫是人们最喜爱的宠物之一。图中的猫为英国短毛猫（见第96页）。

猫的基础知识 02
不可思议的肉垫

肉垫，是指食肉目动物脚底无毛的部分。

猫属于食肉目。世界上的肉食动物很多，但食肉目动物多指陆地上处于捕猎者地位的特殊群体。此外，专门在水中捕食的海狮、海象、海豹等鳍足类动物也属于食肉目。

除了鳍足类动物之外，大多数食肉目动物都有爪牙和肉垫。猫咪的肉垫虽可爱软萌，却是它们的有利武器，也是它们的一个典型特征。部分兔子、老鼠及有袋类动物也有肉垫。

当食肉目动物靠近猎物时，肉垫能消除它们的脚步声；在易滑的岩石上活动时，肉垫具有防滑的作用；从高处跳下时，肉垫还能起到缓冲作用。对于食肉目动物来说，既柔软又强韧的肉垫极其重要。

如果用自行车来比喻，肉垫的性能相当于自行车的轮胎。猎豹奔跑时的时速之所以能超过 100 千米，就是因为它们的肉垫出众；薮猫的垂直跳跃高度能达到 3 米以上，也是因为肉垫给予了薮猫支撑身体的力量。

指球：脚尖的小肉垫，相当于人的指腹。

掌球：前脚掌中央最大的肉垫。

手跟球：指球的一种，与其他肉垫分离，是位于前脚上方的肉垫，相当于人的大拇指。

食肉目动物的肉垫。左图为猫的肉垫，右图为狗的肉垫。

食肉目动物的肉垫。左上图为大熊猫的肉垫，右上图为小熊猫的肉垫，左下图为虎的肉垫，右下图为浣熊的肉垫。

猫科动物的相似形

狮（左，雌性）与美洲狮（右）的脸——经常有人说雌狮与美洲狮非常像。实际上，论亲缘关系，大部分狮与豹相近，美洲狮与猫相近，因此虽然同属猫科，但二者分属不同属，亲缘关系相隔甚远，就好比是长相相似的两个陌生人。

豹猫（左）与豹（右）的被毛——豹猫和豹并不是近亲。豹猫属于豹猫种，与家猫种的亲缘关系更近。豹猫只是被毛的斑纹与豹相近而已。

虎（左）与雪豹（右）的脸——雪豹的名字中虽然带有"豹"字，但与豹相比，雪豹的外貌特征其实更接近虎。雪豹的体重一般为 46~55 千克，体形比人们想象中的要小很多，而有些虎，如西伯利亚虎，体重可达 300 千克。

波斯猫（左）和兔狲（右）——过去有一段时间，人们认为兔狲是波斯猫的祖先，但这种说法现在已经被否定。在分子生物学技术普及之前，物种通常是根据其解剖学和形态学特征进行比较分类的。因波斯猫与兔狲的外形类似，所以当时人们推测它们之间可能存在亲缘关系。

热带草原猫——热带草原猫通常是由家猫如孟加拉豹猫（左上）与薮猫（右上）杂交而生。图片中的热带草原猫（左下、右下）是第一代。这种猫的体形通常比薮猫小一些，但有些猫的体重可达 14 千克。

阿比西尼亚猫
Abyssinian

　　阿比西尼亚猫的特征是呈"V"形的脑袋上长着一对直立的大耳朵和杏仁状的眼睛；被毛上有一条一条浓淡相交的条纹状"细纹虎斑"，在光线的照射下能看到颜色的绝妙变化。阿比西尼亚猫的细纹虎斑与古埃及壁画中出现的猫的斑纹非常相似，所以这种被毛的突变现象很可能发生在远古时期。

　　阿比西尼亚猫的幼猫好奇心旺盛，非常喜欢撒娇，且聪明听话，容易调教，对环境的适应性也较强。因此，很多爱猫人士都会选择饲养阿比西尼亚猫。

Data	原产地：埃及、英国　誕生时期：19世纪　　体重：2.5~4.5 千克
	体型：外国体型　　被毛种类：短毛
	被毛颜色：暗红色（或较深的茶色）、红色（或肉桂色）、蓝色、浅黄褐色、银色
	眼睛颜色：金色、绿色、褐色

　　注：刚出生不久的幼猫，眼睛通常有一层蓝色的虹膜，因此不管是什么品种，其幼猫眼睛多半呈蓝色。

美国卷耳猫
American Curl

向外翻卷的耳朵是美国卷耳猫的标志性特征。1981年，在美国加利福尼亚州发现的两只耳朵向后翻卷的幼猫，被认为是美国卷耳猫的起源。研究者们认为这种特殊的卷耳是基因突变造成的，后来，研究者们在那两只幼猫的基础上，进行了品种巩固和改良，新品种——美国卷耳猫由此诞生。

美国卷耳猫刚出生时，耳朵完全呈直立状；出生2~10天后，随着耳朵软骨的生长，大约一半的幼猫的耳尖开始迅速向后翻卷。美国卷耳猫的被毛像丝绸一般顺滑，每天都需要悉心梳理。它们性格开朗，即便是成年猫，也有爱撒娇的一面。

Data	原产地：美国　诞生年份：1981年　体重：3.0~5.0千克
	体型：不完全外国体型　被毛种类：长毛、短毛　被毛颜色：全色
	眼睛颜色：全色（重点色为蓝色）

美国短毛猫
American Shorthair

美国短毛猫的祖先诞生于 17 世纪，当时在英国的清教徒为寻求新天地，乘船前往美国，出于消灭船内老鼠的考虑，他们带上了短毛猫。后来，这种猫在美国的人气高涨，1906 年正式以"短毛家猫"的名字登记在册。不过，这个名字给人一种杂交种的印象，使得这种猫的人气大不如前，直到 1966 年更名为"美国短毛猫"后，人气才有所回升，并一跃成为美国的代表性猫品种。

美国短毛猫幼猫时期脸形圆润，看上去十分可爱，而且性格亲人，乖巧听话，可以和小朋友及其他动物友好相处。它们天生喜欢捕猎，平时需要多陪它们玩玩具。

Data			
	原产地：美国及欧洲	诞生时期：17 世纪	体重：3.5~6.5 千克
	体型：不完全短身体型	被毛种类：短毛	被毛颜色：全色
	眼睛颜色：全色		

美国短毛猫的被毛厚实、较短，不需要特别的护理，只不过换毛期要注意细致的梳理。

异国短毛猫
Exotic Shorthair

异国短毛猫又名"外来猫"，诞生于 20 世纪 50 年代。当时，人们希望能有一种既具有波斯猫的特征，照顾起来又比较省心的短毛猫，于是异国短毛猫应运而生。一位名叫简·马丁的美国育种专家，为了该品种能够得到认定而四处奔走，直到 1966 年，异国短毛猫终于被认定为新品种。

异国短毛猫除身上的被毛以外，其他地方都与波斯猫极为相似。它们的身体肌肉结实，四肢粗短有力，标志性的圆眼睛会让人觉得有点距离感，但下垂的眼角、朦胧的眼神和扁扁的鼻子，又非常惹人喜爱。大多数异国短毛猫的性格温和，喜欢被人抱着。

Data	**原产地：**美国 **诞生时期：**20 世纪 50 年代 **体重：**3.0~5.5 千克 **体型：**短身体型 **被毛种类：**短毛 **被毛颜色：**全色 **眼睛颜色：**全色

埃及猫
Egyptian Mau

　　埃及猫的英文名称是 Egyptian Mau，"Mau"在古埃及语中就是"猫"的意思。据说，1953 年从俄罗斯流亡到意大利的立陶宛贵族——娜塔莉王妃在埃及大使馆遇到了这种猫，她先是自己饲养，后又把这种猫带到了美国。今天的埃及猫就是在这种猫的基础之上培育出来的。

　　埃及猫最大的特征是从小它们的身上就布满斑点。值得一提的还有它们的奔跑速度，据说最高时速可达 50 千米。它们喜欢亲近人，加之聪明机灵，比较容易饲养，但它们也有野性的一面，所以对其在幼猫时期的训练和信任关系的建立，非常重要。

	原产地：埃及、美国　　**诞生时期：**20 世纪　　**体重：**2.5~6.5 千克
	体型：不完全外国体型　　**被毛种类：**短毛
	被毛颜色：银色、古铜色、烟黑色　　**眼睛颜色：**浅绿色

06 欧西猫
Ocicat

　　欧西猫身上的斑点酷似猞猁，外表看上去野性十足。1964年，美国的育种专家希望能够培育出带有阿比西尼亚猫斑纹的暹罗猫，于是让这两种猫进行交配。后来，为了培育出具有银色被毛的猫品种，又让这种杂交猫的后代与美国短毛猫进行交配。1966年，欧西猫得以正式注册。

　　欧西猫的特征是直立的大耳朵和遍布全身的斑点，被毛的触感像缎面一样顺滑。它们的性格与其野性十足的外表完全相反，它们既忠实又聪明，常有人说"欧西猫的身体里住着狗的灵魂"，偶尔它们也会表现出爱撒娇和感到寂寞的一面。

Data		
原产地：美国	诞生年份：1964年	体重：3.0~6.5千克
体型：不完全外国体型	被毛种类：短毛	
被毛颜色：棕色、银色	眼睛颜色：由被毛颜色决定（蓝色除外）	

野生小猫 狞猫

　　耳尖上的长耳须是狞猫的最大特征。修长的身形，短而浓密的被毛，一身肉眼可见的发达肌肉，都会让人觉得它们是十分精悍的猫科动物。狞猫通常不会成群结队地出现，基本都是单独行动。不过，在繁殖期（每年9—12月）雄性狞猫和雌性狞猫会结伴而行。

　　狞猫的妊娠期在9周左右，每胎产仔1~6只，刚出生的幼仔体重为200~250克。狞猫幼仔出生大约10周后断奶，性成熟需要1年左右。人工饲养环境下，有的狞猫甚至能活到16岁，但生活在自然环境下的狞猫，其寿命不得而知。它们的主要捕食目标为小型动物和鸟类，极少数情况下会以体形比自己大的动物为捕食目标。它们动作敏捷，袭击鸟类时，垂直跳跃高度可达3米。

英文名：Caracal　　**拉丁学名**：*Caracal caracal*　　**栖息地**：非洲（撒哈拉沙漠以外的地区）、中东地区、亚洲中部和南部　　**体长**：55~90厘米　　**尾长**：20~30厘米　　**体重**：8~23千克

专栏02

野生小猫 薮猫

　　薮猫的外观特征：耳朵非常大，竖立在头顶，两耳间的距离很短；四肢较长，体形偏瘦，有的薮猫体长可达 1 米；毛色基本上都是黄褐色或黄色，全身均为黑色的非常罕见。薮猫的样子可爱，但脾气粗暴。虽然是陆地动物，但它们除了爬树，还擅长游泳；拥有出众的跳跃能力，垂直跳跃高度可达 2 米，横向跳跃距离可达 4 米；听觉敏锐，据说它们的耳朵能感知到地底下老鼠的动静。

　　薮猫妈妈会把宝宝藏在洞穴里，自己单独外出狩猎；薮猫爸爸不承担养育孩子的责任。薮猫妊娠期在 74 天左右，每胎产仔 2~4 只，刚生下的幼崽体重在 230~260 克。幼崽出生后，1 年左右就会离巢。

英文名：Serval　　**拉丁学名**：*Leptailurus serval*　　**栖息地**：非洲撒哈拉沙漠以南的部分地区
体长：60~100 厘米　　**尾长**：30~40 厘米　　**体重**：9~15 千克

东方短毛猫
Oriental Shorthair

    东方短毛猫源自 20 世纪 50 年代的英国，当时人们想培育出没有重点色的暹罗猫，经过反复培育，最终培育成功，并于 1977 年在美国得到认定。

    细长的四肢，倒三角形的小脸，以及与身体不太协调的大耳朵，是东方短毛猫的外形特征。成年猫的样貌与幼猫相比变化不大，纤细的身体，长长的尾巴，杏仁状的眼睛，让东方短毛猫充满神秘感。东方短毛猫的性格多少有些神经质，但也外向、温顺、通人性、爱撒娇。

	原产地：美国、英国 **诞生时期：**20 世纪 50 年代 **体重：**2.5~4.5 千克
	体型：东方体型 **被毛种类：**短毛、长毛 **被毛颜色：**全色
	眼睛颜色：全色

拥有小脸、大耳朵的东方短毛
猫体形纤细，属于没有多余脂
肪的肌肉体质。

08 千岛短尾猫
Kurilian Bobtail

　　千岛短尾猫（别名"千岛群岛短尾猫"）的尾巴独特、被毛浓密，因整只尾巴看起来圆圆的，也被称为"球尾"。千岛短尾猫最早出现于千岛群岛上。为了能在恶劣的自然环境中生存下去，它们通常会集体狩猎，但又保持着独立的性格。

　　千岛短尾猫拥有长 1.5~8.0 厘米的弯曲短尾，从脸颊到口鼻部呈倒三角形，眼角上扬，还有一对三角形的耳朵。它们虽性格稳重，适应能力强，但狩猎欲望也比较强，所以在幼猫时期主人应尽量多陪它们玩耍，以缓解它们的心理压力。

原产地：千岛群岛	诞生时期：18 世纪以前		体重：3.6~6.8 千克
体型：不完全短身体型	被毛种类：短毛、长毛		被毛颜色：全色
眼睛颜色：全色			

柯尼斯卷毛猫
Cornish Rex

09

　　1950 年，一只全身长满卷毛的雄性幼猫出生在英国康沃尔郡的农场。这只幼猫在遗传学家 A. C. 朱迪的建议下，被主人安排与一只母猫进行交配，它们生下的卷毛公猫 "Poldhu" 与猫爸爸一起成为柯尼斯卷毛猫品种的雏形。后来，它们又被带到美国，与暹罗猫和东方短毛猫等进行交配，并于 1967 年形成了现今的品种。

　　柯尼斯卷毛猫拥有大耳朵、高鼻子和长尾巴，但最大的特征是拥有像水波纹一样美丽的卷毛。它们从胡须到尾巴，全身的被毛都呈卷曲状，摸起来就像天鹅绒一样。

	原产地：英国	**诞生年份**：1950 年	**体重**：2.2~4.0 千克
	体型：东方体型	**被毛种类**：短毛	**被毛颜色**：全色
	眼睛颜色：全色		

科拉特猫
Korat

　　科拉特猫最大的特征是拥有如缎面一般细腻光泽的银蓝色被毛和绿色的眼睛。它们被毛的颜色会随着年龄的改变而改变，除了被毛为单层之外，其他地方均与俄罗斯蓝猫相似。

　　科拉特猫原产于泰国东北部的科拉特高原。1350—1767 年的泰国处于大城王朝的统治时期，在当时的史料中，科拉特猫就以 "Si—Sawat" 的名字登场，象征着幸运，并于 19 世纪 80 年代在英国举行的猫展上被世人所熟知。科拉特猫性格活泼、视觉、听觉、嗅觉出色，心思细腻，认生，不过也有爱跟主人撒娇的一面。

Data	原产地：泰国	诞生时期：14—18 世纪	体重：2.7~4.5 千克
	体型：不完全短身体型	被毛种类：短毛	被毛颜色：蓝色
	眼睛颜色：绿色（幼猫为琥珀色）		

西伯利亚猫
Siberian

11

西伯利亚猫别名"西伯利亚森林猫"。正如它们的名字一样，这种猫出生在西伯利亚森林，但其起源目前还没有定论。西伯利亚猫至少存在了1000多年，被认为是所有长毛猫的祖先，包括波斯猫和土耳其安哥拉猫。

西伯利亚猫最大的特征是可以忍耐西伯利亚的严酷环境，它们拥有厚实的双层被毛，内侧的绒毛具有防寒作用，外侧的护毛具有防水作用，从耳朵到尾巴都被厚实的毛覆盖着。它们的性格非常沉稳，具有出色的忍耐力，但也具有旺盛的好奇心。

Data	**原产地**：俄罗斯	**诞生时期**：11世纪	**体重**：4.5~9.0 千克
	体型：长型＆大型体型	**被毛种类**：长毛	**被毛颜色**：全色
	眼睛颜色：全色		

热带草原猫
Savannah

  热带草原猫（又称"萨凡纳猫"）面容精悍，拥有一对大耳朵，被毛上有漂亮的斑点，身体修长。1986年，雌性暹罗猫与雄性薮猫交配后产下的幼猫，便是热带草原猫的起源。之后，育种专家又进行了大量研究，并于1996年诞生了现在的热带草原猫原型。

  该品种的血液纯度可以用F1~F6来表示，数字越小，表示继承原种特征的血液纯度越高，因此，F1型的热带草原猫非常稀少。在日本，饲养F1~F3型的热带草原猫需要先获得许可证。

Data	原产地：美国 诞生年份：1986年 体重：5.8~13.0千克
	体型：不完全外国体型 被毛种类：短毛
	被毛颜色：棕色、银色、黑色、烟黑色
	眼睛颜色：绿色、黄色、金色等

大多数热带草原猫的被毛都是
棕色的，也有的近似金色或浅
茶色，个体之间存在差异。

暹罗猫
Siamese

　　暹罗猫的英文名为"Siamese"，"暹罗"是泰国的旧称。正如它的名字一样，暹罗猫原产于泰国，是拥有悠久历史的猫品种，过去只有泰国的王公贵族才有饲养暹罗猫的资格，可见其珍贵。

　　暹罗猫最大的特征是脸、耳朵、四肢、尾巴上的重点色。据说，当体温较低时，它们的毛色会变得更深。暹罗猫有一双宝蓝色的眼睛，散发着迷人的气质，因此，暹罗猫被认为是"纯血统的代表"。暹罗猫既任性和神经质，又聪明伶俐，对认定的主人会非常忠诚。

Data			
原产地： 泰国	**诞生时期：** 14 世纪	**体重：** 2.5~4.0 千克	
体型： 东方体型	**被毛种类：** 短毛		
被毛颜色： 海豹色、蓝色、巧克力色、浅紫色（以上均为重点色）			
眼睛颜色： 宝蓝色			

夏特尔猫
Chartreux

夏特尔猫被誉为"法国之宝""活的法国纪念碑"，是法国的代表性猫品种。夏特尔猫以一身漂亮的灰蓝被毛而广为人知，与俄罗斯蓝猫、科拉特猫并称为"世界三大蓝猫"。前法国总统夏尔·戴高乐就很喜爱夏特尔猫。

夏特尔猫温文尔雅，性格相当稳重，非常听主人的话。它们鼻子小，脸颊的肌肉发达，骨架大，身体结实，被毛浓密。因其幼年时期就有一身柔软蓬松的被毛，故需要主人早晚梳理，才能保持被毛顺滑且富有光泽。

Data	原产地：法国	诞生时期：19 世纪	体重：4.0~6.5 千克
	体型：不完全短身体型	被毛种类：短毛	被毛颜色：蓝色
	眼睛颜色：金色、橘色、铜色		

新加坡猫
Singapura

新加坡猫是世界上最小的家猫，比普通的家猫至少要小一圈，因其外表娇小，又被人们称为"小妖精"。新加坡猫原本是野猫，雨天会寄居在下水道，所以也被当地人称为"阴沟猫""下水道猫"。过去它们并不受欢迎，现在作为新加坡的代表性猫品种，被视为旅游吉祥物。

新加坡猫性格乖巧，非常爱撒娇，但如果与其他宠物一起生活，也会有嫉妒其他宠物的时候。

Data				
原产地：新加坡	**诞生年份**：1974 年	**体重**：2.0~3.5 千克	**体型**：不完全短身体型
被毛种类：短毛	**被毛颜色**：深棕色、黑色		
眼睛颜色：绿色、褐色、黄色等			

体格较小，肌肉发达，
尾巴细长，圆圆的脸庞
上方长着一双阔耳。

苏格兰折耳猫
Scottish Fold

  苏格兰折耳猫原产于苏格兰，一对下折的耳朵是它们的标志。它们在幼猫时期，耳朵都是直立的，出生 3~4 周后耳朵才开始慢慢下折。不过，有些苏格兰折耳猫的耳朵一生都不会发生折叠。

  苏格兰折耳猫性格慵懒、黏人，跟小孩子或其他宠物相处都没问题。它们在幼猫时期好奇心较强，喜欢玩耍，许多苏格兰折耳猫跟人在一起时会向人撒娇。需要注意的是，饲养过程中要保持它们耳朵折叠部分的清洁，这对它们的健康非常重要。

	**原产地**：英国 **诞生年份**：1961 年 **体重**：2.5~6.0 千克 **体型**：不完全短身体型 **被毛种类**：短毛、长毛 **被毛颜色**：全色 **眼睛颜色**：由被毛的颜色决定

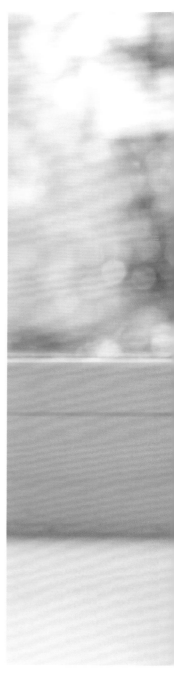

苏格兰折耳猫的圆润身形和胖嘟嘟的脸，看上去可爱无比。

雪鞋猫
Snowshoe

雪鞋猫是由出生时四肢末端呈纯白色的暹罗猫与美国短毛猫杂交产生的新品种，这种猫非常稀有，但知名度一直不高。

雪鞋猫的四肢看起来就像穿着白色短袜一样，又像在洁白的雪地里玩耍时留下的白色痕迹，不过，在隐性遗传中很难发现决定这种"短袜"的基因。由于其四肢"短袜"属于隐性遗传基因，有些雪鞋猫的四肢根本不会出现这种"短袜"。性格方面，雪鞋猫非常喜欢与人亲近，爱撒娇，虽然经常能听到它们的叫声，但声音比较小。

	原产地：美国　**诞生时期**：20 世纪 60 年代　**体重**：2.5~6.5 千克
	体型：不完全外国体型　**被毛种类**：短毛
	被毛颜色：海豹色、巧克力色、蓝色的重点色搭配"白短袜"，或是与白色组合的双色
	眼睛颜色：蓝色

18 斯芬克斯猫
Sphynx

大耳朵，大眼睛，皱巴巴且看上去无毛的皮肤，是斯芬克斯猫的显著特征。斯芬克斯猫是由于隐性遗传基因突变而产生的品种，虽然很早以前就为人们所知，但作为一个品种被确立还是 20 世纪 70 年代的事。

斯芬克斯猫一眼看上去像是完全没有被毛，但它们的身体表面其实覆盖着柔软的胎毛，而且皮肤非常细滑，如起绒皮革一般。因为近乎无毛，斯芬克斯猫对热、寒和紫外线的抵抗力都比较弱，饲养中需要特别留心。斯芬克斯猫不仅不认生，而且活泼，喜欢玩闹，喜欢与人亲近，有时会故意做出一些吸引人注意的举动。

	原产地：加拿大	诞生年份：1978 年	体重：2.5~4.0 千克
	体型：不完全外国体型	被毛种类：无毛	被毛颜色：全色
	眼睛颜色：由被毛的颜色决定		

斯芬克斯猫曾被称为"加拿大无毛猫",它们甚至连胡须都没有。

野生小猫 短尾猫

短尾猫因其尾巴短而得名。短尾猫的栖息地以北是加拿大猞猁的活动区域，与美洲狮的栖息地也有部分重叠，偶尔会有短尾猫与加拿大猞猁的杂交个体出现。短尾猫和加拿大猞猁分别在约 260 万年前和约 2 万年前经与陆地相连的白令海峡到达北美洲，两者的祖先都是猞猁。

短尾猫在每年的 2—3 月进行交配，妊娠期为 60~70 天，每胎产仔 1~6 只，刚出生的幼仔体重为 280~340 克。短尾猫的寿命为 8~10 岁，人工饲养的短尾猫寿命最长记录是 32 岁。

英文名：Bobcat　　**拉丁学名：**_Lynx rufus_　　**栖息地：**加拿大、美国国境线一带至墨西哥中部
体长：65~105 厘米　　**尾长：**11~13 厘米　　**体重：**6~15 千克

塞尔凯克卷毛猫

Selkirk Rex

19

　　猫的英文名中带有"Rex"，表示这种猫具有卷毛的特征。目前卷毛猫主要有3个品种，分别是柯尼斯卷毛猫、德文卷毛猫，以及最新发现的品种——塞尔凯克卷毛猫。圆脸、短鼻、较大的体形、浓密的卷毛、沉稳的性格，这些都是塞尔凯克卷毛猫的特点。它们脑袋周围和尾巴上的卷毛尤为显著，从外表上看，也可以把它们称作"贵宾猫"。在幼猫时期，它们非常活泼、贪玩，长大后举止行为会慢慢变得稳重，运动量减少后更是容易发胖。塞尔凯克卷毛猫身体强壮，一般很少生病，但皮脂分泌物较多，饲养中要留心其患上皮肤病。

原产地：美国　**诞生年份：**1987 年　**体重：**3.0~7.0 千克
体型：不完全短身体型　**被毛种类：**短毛、长毛　**被毛颜色：**全色
眼睛颜色：由被毛的颜色决定

索马里猫
Somali

20

　　索马里猫被誉为"长毛的阿比西尼亚猫"，据说它的祖先是极其罕见的阿比西尼亚长毛猫，而索马里是埃塞俄比亚（旧称"阿比西尼亚"）的邻国。这种猫拥有长而密实的被毛，以及像狐狸一样毛茸茸的大尾巴。除此以外，它们还继承了大部分阿比西尼亚猫的特征，清亮可爱的叫声如银铃一般，这是它们的特征之一。

　　索马里猫体形较小，体重为 3.0~5.0 千克，肌肉结实。性格方面，索马里猫适应性较强，能够与其他猫咪、狗狗和小孩子友好相处，而且好奇心旺盛、性格活泼。大部分索马里猫都比较怕水。

Data	**原产地：** 英国	**诞生年份：** 1967 年	**体重：** 3.0~5.0 千克	**体型：** 外国体型
	被毛种类： 长毛	**被毛颜色：** 暗红色、红色、蓝色、浅黄褐色等		
	眼睛颜色： 铜色、金色、褐色、绿色			

21

土耳其安哥拉猫
Turkish Angora

　　丝绸般的长被毛、柔软的身体、颜色丰富多样的杏仁状眼睛，让土耳其安哥拉猫充满了魅力。由它们的名字可知，土耳其首都安卡拉（旧称"安哥拉"）周边的本土猫被认为是它们的起源。因其曾被当作超人气猫——波斯猫的交配对象，用于波斯猫品种的改良，导致如今纯种的土耳其安哥拉猫十分罕见。对这种状况深感忧虑的土耳其政府将其列为国宝，并严格控制其流出。

　　土耳其安哥拉猫的性格有些孤傲，喜欢自由，讨厌束缚，但喜欢跟被它认可的人待在一起。

Data	原产地：土耳其	诞生时期：15 世纪	体重：2.5~4.5 千克
	体型：外国体型	被毛种类：长毛	
	被毛颜色：黑色、银色、三花色（混杂 3 种毛色）、白色等		
	眼睛颜色：由被毛的颜色决定		

土耳其梵猫
Turkish Van

  据说土耳其梵猫是在安纳托利亚以东的山岳地带自然产生的物种，其历史甚至可以追溯到公元前，但直到中世纪人们才知道它的存在。1955年，几位英国游客来到土耳其东部的凡湖（旧称"梵湖"）时，发现有几只猫在湖里游泳。它们竟然完全不怕水，这引起了游客们的兴趣，于是他们将这些猫带回英国，并进行繁殖。

  土耳其梵猫的最大特征是除头部和尾巴以外全身均为白色，这种花纹被称为"梵纹"。另外，这种猫非常适应土耳其夏冬温差大的环境，其被毛的长度会随着季节的变化而变化，冬天是厚实的长毛，夏天是短毛。

Data	原产地：土耳其	诞生年份：1955年	体重：4.0~7.5千克
	体型：长型＆大型体型	被毛种类：长毛	
	被毛颜色：白色，头部和尾部有彩色斑纹		
	眼睛颜色：琥珀色、蓝色、虹膜异色		

德文卷毛猫
Devon Rex

23

　　令人印象深刻的圆眼睛、小脑袋、大耳朵，以及沿体表生长的卷毛，让德文卷毛猫拥有"妖精猫""外星猫"等多种称号。它们与众不同的卷毛摸起来十分柔软，但每只猫被毛的卷曲程度和方式不尽相同。

　　德文卷毛猫拥有狗一般强烈的好奇心，而且它们与狗狗也可以相处得很好。这种猫的性格活泼，对各种事物充满好奇，爱撒娇，而且还很贪玩，喜欢与主人和其他宠物待在一起，讨厌独处。德文卷毛猫在幼年时期比较好动，喜欢到处跑，难免会让人感觉有点吵闹。

Data			
原产地：英国	**诞生年份**：1960 年	**体重**：2.2~4.5 千克	
体型：不完全外国体型	**被毛种类**：短毛	**被毛颜色**：全色	
眼睛颜色：由被毛的颜色决定			

专栏04

野生小猫 **兔狲**

　　兔狲是猫科的野生动物，其体形大小与家猫差不多。它们胖墩墩的，眼睛的位置较高，耳朵的位置又偏低，外形略带喜感，看起来独特又可爱。因为它们主要栖息在寒冷地带，所以身上的被毛浓密而厚实，毛茸茸的样子很是招人喜爱。不过，世界自然保护联盟（International Union for Conservation of Nature and Natural Resources，IUCN）将兔狲认定为濒临灭绝的物种，因此不能作为宠物饲养。

　　兔狲的样貌与波斯猫相似，曾被认为是波斯猫的祖先，但这一理论已经被否定了。与其他猫科动物不同，兔狲的瞳孔在明亮的地方依然是圆形的，即便收缩后也不会变成纵长椭圆形。除繁殖期以外，它们均是单独行动的。

英文名：Pallas's Cat　　**拉丁学名**：*Otocolobus manul*
栖息地：中国西藏、西伯利亚南部及其余亚洲中部地区
体长：50~65 厘米　　**尾长**：20~30 厘米　　**体重**：2.5~5.0 千克

24 玩具虎猫
Toyger

　　老虎一样的斑纹、华丽的被毛，让玩具虎猫充满了魅力。玩具虎猫是由孟加拉豹猫与其他品种的虎斑猫杂交培育出来的一个新品种，最初是为了满足人们"在室内饲养老虎"的奇思妙想。

　　玩具虎猫的身体修长，骨架较大，肌肉结实，力气也比较大，而且好动，走路方式像老虎一样充满气势和野性；性格方面，玩具虎猫不太喜欢依赖人，也不会有过度撒娇的举动，在好奇心旺盛的同时，又具有很强的戒备心。从体形上来说，每只玩具虎猫之间都存在差异，体格较大的个体体重甚至可达 10 千克。

Data			
原产地：美国	**诞生时期**：20 世纪 80 年代后期		**体重**：5.0~10.0 千克
体型：不完全外国体型	**被毛种类**：短毛		
被毛颜色：棕色	**眼睛颜色**：除蓝色以外的所有颜色		

玩具虎猫非常好动，所以充足的生活空间对于它们来说非常必要。由于个体之间的体形大小差异较大，不推荐初次养猫的人士饲养。

东奇尼猫
Tonkinese

　　东奇尼猫的被毛像水貂的被毛一样柔软，四肢、脸部、耳朵、尾巴都有巧克力色的重点色。"Tonkinese"这个名字来自1949年上演的百老汇音乐剧《南太平洋》。东奇尼猫是暹罗猫与缅甸猫杂交得到的品种，但培育过程非常复杂。

　　东奇尼猫拥有结实的肌肉，充满好奇心，非常大胆，而且不认生，能与狗狗和小孩子友好相处。它们像狗狗一样聪明，有些东奇尼猫甚至可以像狗狗一样，用牵引绳牵着散步。

原产地：加拿大	诞生时期：20世纪50年代	体重：2.7~5.5千克	
体型：不完全外国体型	被毛种类：短毛	被毛颜色：除白色以外的所有颜色	
眼睛颜色：宝蓝色、蓝色、水绿色、绿色、褐色、黄色、金色			

26 挪威森林猫
Norwegian Forest Cat

　　挪威森林猫原产于挪威，其挪威语名字"Skogkatt"的意思是"森林猫"。在北欧神话中，它们是为弗雷亚女神拉雪橇的猫，历史非常悠久。目前，关于这种猫的起源尚无定论，因其具有欧洲本地猫鲜有的毛色样式，又表现出土耳其猫的毛色特征，所以也有一种说法是，挪威森林猫是11世纪维京人将土耳其猫从土耳其带到挪威后衍生出的物种。

　　挪威森林猫最大的特征是拥有一身厚实又优雅的被毛，可以在挪威的严寒气候下存活。它们厚实的被毛兼具观赏性与功能性，需要3~4年的时间才能完全长出。

Data		
原产地：挪威　　诞生时期：11世纪（暂无定论）　　体重：3.5~7.5千克		
体型：长型 & 大型体型　　被毛种类：长毛　　被毛颜色：全色		
眼睛颜色：由被毛的颜色决定		

专栏05

野生小猫 雪豹

　　雪豹能适应寒冷的气候环境。它们的耳朵小、尾巴长，据说它们的长尾巴可以用来御寒；脚掌宽大，覆盖着粗毛，可以防止它们陷到雪地里。广阔的阿尔泰山山脉、天山山脉、喜马拉雅山山脉、喀喇昆仑山山脉、帕米尔高原、兴都库什山脉等海拔 600~6000 米的高原地区都是雪豹的栖息地。

　　雪豹的身体强健，垂直跳跃高度可达 15 米，甚至能击倒体重是自身 3 倍的猎物。它们的交配季节是每年的 1—5 月，妊娠期为 90~105 天，每胎产仔 2~3 只，刚出生的幼仔体重为 400~500 克；哺乳期 2 个月左右，性成熟需要 2~3 年。

英文名：Snow leopard　　**拉丁学名**：*Panthera uncia*　　**栖息地**：亚洲中部　　**体长**：100~150 厘米
尾长：60~100 厘米　　**体重**：30~60 千克

伯曼猫
Birman

27

　　伯曼猫拥有宝蓝色的眼睛和像穿着白袜子一般的四肢。伯曼猫来源于缅甸，但现代伯曼猫，应该是 20 世纪初由缅甸传入法国的一只母猫多次与暹罗猫和波斯猫交配后产生的品种，该品种于 1967 年正式得到承认。

　　伯曼猫的体形较大，具有很强的忍耐力，能与其他猫咪和狗狗友好相处，而且感情丰富，喜欢向主人撒娇。

原产地：缅甸	诞生年份：1925—1926 年		体重：2.5~6.5 千克
体型：长型 & 大型体型	被毛种类：长毛		被毛颜色：全色
眼睛颜色：宝蓝色			

28 缅甸猫
Burmese

1930 年，一位美国医生看中了缅甸某寺院里饲养的一只茶色母猫，便将它带回美国。后来，这只猫与一只雄性暹罗猫交配生出的幼猫便是缅甸猫的原型，经过多次改良，缅甸猫这一品种于 1936 年得到承认。

缅甸猫的被毛颜色比暹罗猫淡，摸起来像缎面一样，而且五官和身体都比较圆润。从体型来看，缅甸猫可分为两种：短身体型（圆润型）和不完全外国体型（纤细型）。前者被称为"美国缅甸猫"，后者被称为"欧洲缅甸猫"。因为缅甸猫喜欢与人亲近，所以又被叫作"仁慈的猫"。

Data	**原产地**：美国 **诞生时期**：20 世纪 30 年代 **体重**：3.0~6.0 千克
	体型：短身体型、不完全外国体型
	被毛种类：短毛 **被毛颜色**：黑色、蓝色、香槟色、铂金色、霜色（粉色偏灰）等
	眼睛颜色：金色

波米拉猫

Burmilla

29

　　波米拉猫的名字由缅甸猫的英文名"Burmese"中的"Burm"与一种波斯猫——金吉拉猫的英文名"Chinchilla"中的"illa"组合而成。从名字可以看出，这是金吉拉猫与缅甸猫杂交产生的品种。

　　波米拉猫兼具缅甸猫的体形和金吉拉猫的毛色，阴影色是其特有的被毛特征；性格也兼具金吉拉猫的冷静与缅甸猫的调皮，能适应各种环境。在幼年时期需要让波米拉猫保持充足的运动，才能让其拥有健康强壮的身体。波米拉猫爱好和平，不争不抢，并不十分依赖主人。

Data				
原产地：英国	**诞生年份**：1981 年	**体重**：3.0~6.0 千克	**体型**：短身体型
被毛种类：短毛	**被毛颜色**：黑色、蓝色、巧克力色、浅紫色等阴影色		
眼睛颜色：黄色到绿色渐变			

波米拉猫的眼睛周围呈黑色，
有一圈像涂了"睫毛膏"或画
了"眼线"的深色被毛。

高地猞猁

Highland Lynx

　　高地猞猁的外表看起来像野猫一样充满野性，性格却如狗狗一般忠实、合群。高地猞猁于 1993 年诞生于美国，是猞猁和丛林卷耳猫杂交产生的品种，2004 年获得承认，正式成为新品种。

　　从外表上看，高地猞猁的耳朵向外翻卷，尾巴非常短，样貌看上去充满野性。它们身体结实，性格沉稳，喜欢与人亲近，好奇心强，聪明，很多人都认为它们的性格与狗十分相似。

Data	**原产地**：美国　　**诞生年份**：1993 年　　**体重**：5.5~9.0 千克
	体型：长型＆大型体型　　**被毛种类**：短毛、长毛
	被毛颜色：全色　　**眼睛颜色**：全色

哈瓦那棕猫
Havana Brown

31

　　哈瓦那棕猫从爪子到胡须都是巧克力色，名字来自古巴顶级雪茄——哈瓦那雪茄。它们那富有光泽的巧克力色被毛，是具有海豹重点色遗传基因的暹罗猫与拥有暹罗猫血统的黑猫杂交产生的结果。它们的被毛除了巧克力色以外，还有粉灰色，这种被毛颜色是培育过程中出现了俄罗斯蓝猫的基因所致。

　　哈瓦那棕猫喜欢与人亲近，好奇心旺盛，感情丰富，能与其他猫咪、狗狗、小孩子愉快地相处。它们贪玩又好动，尤其喜欢抬起自己的前肢。

	原产地：英国　　诞生时期：20世纪50年代　　体重：2.7~4.5千克
	体型：不完全外国体型（美国）、东方体型（英国）
	被毛种类：短毛　　被毛颜色：巧克力色、粉灰色　　眼睛颜色：绿色

巴厘猫

32

Balinese

　　巴厘猫是暹罗猫的长毛种，20 世纪 50 年代开始在美国进行繁殖，1970 年作为独立的品种得到公认。原定的品种名是"长毛暹罗猫"，但遭到短毛暹罗猫育种专家的反对。由于这种猫的举止像巴厘岛的舞者一样优雅，所以给它取名为"巴厘猫"。

　　巴厘猫的性格和体形与暹罗猫基本相同，但最具魅力的当属其半长的被毛，尤其是尾巴和头部周围的被毛，配上宝蓝色的美瞳，给人留下优雅华丽的印象。它们情感丰富、爱撒娇、贪玩好动，喜欢与主人亲密接触。

Data			
原产地：美国	**诞生时期**：20 世纪 50 年代	**体重**：2.5~4.0 千克	
体型：东方体型	**被毛种类**：长毛		
被毛颜色：巧克力色、海豹色、浅紫色、蓝色等（以上均为重点色）			
眼睛颜色：宝蓝色			

巴厘猫被认为是暹罗猫的长毛种，但实际上巴厘猫的被毛并不长，只是比半长长稍短的单层被毛。

巴比诺猫
Bambino

33

　　巴比诺猫是斯芬克斯猫与曼基康猫杂交产生的品种，2005 年诞生，2006 年正式注册登记为新品种。柠檬形的大眼睛、三角形的阔耳、遗传自曼基康猫的短腿和斯芬克斯猫的被毛（无毛），这些都是巴比诺猫的显著特征。因为它们婴儿般的外表和调皮的性格才被命名为 "Bambino"，有"婴儿"的意思。

　　巴比诺猫的腿比较短，来回飞奔的样子又常被形容为"像猴子一样"，由此可见它们的性格非常活泼。自注册以来，巴比诺猫的知名度渐渐攀升，但因繁殖过程比较复杂，而且需要较高的繁育技术，所以现在巴比诺猫的数量非常少，价格不菲。

原产地：美国	**诞生年份**：2005 年	**体重**：2.3~4.0 千克
体型：不完全外国体型	**被毛种类**：无毛	**被毛颜色**：全色
眼睛颜色：全色		

它们容易与主人建立深厚的感
情。性格友好，与其他人和动
物也能和平相处。

彼得秃猫
Peterbald

34

彼得秃猫的名字由 "St. Petersburg"（圣彼得堡）和 "Bald"（无毛的）两个单词组合而成。1988 年，居住在俄罗斯圣彼得堡的动物学家发现了一只雄性顿斯科伊猫和一只雌性东方短毛猫，并用它们进行实验性的交配，结果东方短毛猫在 1993 年生下了 4 只幼猫，这 4 只幼猫便是彼得秃猫的起源，并在 1996 年之后陆续得到各注册协会的公认。

它们的外表看起来就像是无毛的东方短毛猫，不过有的彼得秃猫身上也会有一层短短的被毛。彼得秃猫楔子形的脑袋上长着一对大大的耳朵，杏仁眼，高鼻梁，长相颇具异域风情。它们喜欢与人交往，擅于社交，与其他宠物和小孩子都能友好地相处。

Data			
原产地：俄罗斯	**诞生年份**：1993 年	**体重**：3.5~7.0 千克	
体型：东方体型	**被毛种类**：无毛	**被毛颜色**：全色	
眼睛颜色：由被毛的颜色决定			

35 喜马拉雅猫
Himalayan

　　喜马拉雅猫身体末端的被毛有颜色浓重的重点色，因这个特征与喜马拉雅兔相似而得名。喜马拉雅猫是长毛波斯猫融合了暹罗猫的重点色和蓝眼睛后衍生出来的品种，其特征是拥有与波斯猫相似的圆润体态、圆溜溜的蓝眼睛、轻柔的被毛等。

　　喜马拉雅猫的脸型分为两种：鼻子较低的扁平脸和历史悠久的传统脸。它们性格率直，爱撒娇，通常幼猫活泼，成年猫沉稳。喜马拉雅猫很聪明，比较容易驯养。

	原产地：美国、英国　　诞生时期：20 世纪 30 年代　　体重：3.2~6.5 千克
	体型：短身体型　　被毛种类：长毛
	被毛颜色：巧克力色、浅紫色、蓝色、海豹色、奶油色、红色（以上均为重点色）
	眼睛颜色：蓝色

英国短毛猫
British Shorthair

　　英国短毛猫是古老的猫种之一，随移民乘船到达美国后，成了美国短毛猫的培育基础。刘易斯·卡罗尔的《爱丽丝漫游奇境》中登场的柴郡猫，就是以英国短毛猫为原型创作的，该品种也因此名声大噪。

　　英国短毛猫在幼猫时期爱撒娇，长大后则比较独立。它们喜欢自己待在家里，不喜欢被人抚摸，性格中仍保留着好狩猎的野性。

原产地：英国	诞生时期：19 世纪 80 年代	体重：3.2~7.0 千克
体型：不完全短身体型	被毛种类：短毛	
被毛颜色：蓝色、黑色、奶油色、三花色（混杂 3 种毛色）等		眼睛颜色：全色

英国短毛猫的脑袋、脸颊、眼睛浑圆，鼻子较低，成年后的个头偏中大型，肌肉结实。

英国长毛猫
British Longhair

37

　　英国长毛猫属于英国短毛猫的长毛种，在荷兰和美国被称为"罗兰达猫"，在欧洲被称为"不列颠猫"。为了拯救在第二次世界大战中濒临灭绝的英国短毛猫，人们让英国短毛猫与波斯猫和俄罗斯蓝猫进行交配，在此过程中，时有长毛种出生，但它们的存在并未引起人们的注意。到了20世纪初，这种长毛猫已经很好地融合了波斯猫的特点。在2009年，该品种终于获得公认。

　　英国长毛猫性格稳重、独立，不需要主人特别费心地照顾。

Data	原产地：英国　　诞生时期：19世纪80年代　　体重：3.2~7.0千克
	体型：不完全短身体型　　被毛种类：长毛
	被毛颜色：黑色、白色、红色、蓝色、巧克力色、浅紫色、浅茶色等
	眼睛颜色：全色

波斯猫
Persian
38

　　又大又圆的眼睛、凹陷的扁鼻子和柔软的被毛，这些都是波斯猫的魅力所在。波斯猫是纯血统猫中最古老的品种之一，但关于它的起源至今还没有定论。自1871年在伦敦的猫展上亮相以来，波斯猫便被誉为"猫王"，人气居高不下，是各届猫展上最常见的品种。

　　毛茸茸的耳朵竖立在圆圆的脑袋上，加上扁鼻子、大眼睛，波斯猫的长相可谓非常有特点。它们的性格可以用"优雅"来形容，而且非常沉稳，不会无故发脾气，也很少有大声叫唤的时候。虽然没有任性的举动，但它们偶尔也会排斥与小孩子待在一起。

原产地： 英国	**诞生时期：** 19世纪70年代（暂无定论）		**体重：** 3.2~6.5千克
体型： 短身体型	**被毛种类：** 长毛		
被毛颜色： 黑色、白色、红色、蓝色、巧克力色、浅紫色、浅茶色等			
眼睛颜色： 由被毛的颜色决定			

专栏 06

野生小猫 美洲狮

美洲狮又名"美洲金猫""山狮",身形与狮和豹相似,但从亲缘关系上来说,它们与家猫更近。它们能适应森林、半沙漠等多种环境,因此,从北美洲落基山脉的最北端到南美洲南端的巴塔哥尼亚地区,从平原到高原,都有它们的身影。因为活动范围较广,其形态特征也因地域而异,亚种就有 20~30 种。

成年美洲狮的身上覆盖着一层黄褐色的被毛,只有耳朵边缘和长长的尾巴顶端呈黑色。幼年美洲狮的身上有类似于豹的黑色和黑褐色的斑纹,尾巴上有黑色的环形斑纹,在其成长的过程中,这些斑纹会渐渐消失。

英文名:Puma   **拉丁学名**:*Puma concolor*   **栖息地**:南美洲、北美洲   **体长**:100~180 厘米
尾长:65~85 厘米   **体重**:65~100 千克

孟加拉豹猫
Bengal

39

　　孟加拉豹猫的漂亮斑纹与豹极其相似，看上去充满了野性。虽然它们的斑纹看起来与豹或豹猫等猫科野生动物的斑纹相似，但实际上，这些斑纹是黑猫与亚洲豹纹猫杂交产生的。它们的被毛颜色包括茶色、橘色偏浓茶色等，被毛上有黑色、黑褐色的条状斑纹。有些孟加拉豹猫的被毛接近白色，看起来就像雪豹一样。

　　孟加拉豹猫的眼睛比较大，多数呈明亮的蓝色或绿色；体形比一般的家猫要大，公猫的体重为 4.5~8.0 千克，母猫的体重为 3.5~5.4 千克。孟加拉豹猫的性格温和，运动能力强，跳跃能力尤其出色。另外，有些孟加拉豹猫还喜欢游泳。

Data	**原产地**：美国	**诞生年份**：1983 年	**体重**：3.5~8.0 千克
	体型：长型 & 大型体型	**被毛种类**：短毛	
	被毛颜色：茶色、银色、海豹色等		
	眼睛颜色：金色、铜色、绿色、蓝色等		

与看上去充满野性的外表不同，孟加拉豹猫性格温和，爱撒娇，运动量大，和其他猫咪相比显得尤其活泼。它们观察力出众，容易调教，但饲养时需要有足够大的空间，以保证它们能进行充足的运动。

40 孟买猫
Bombay

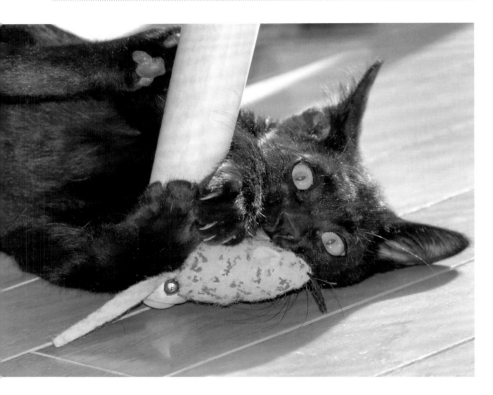

　　黝黑又富有光泽的被毛、金铜色的大眼睛，让孟买猫充满了魅力。正如人们用"小黑豹"来形容它们一样，它们是以黑豹为原型培育出来的品种，名字来源于有黑豹栖息的印度城市——孟买。

　　孟买猫是由雄性的缅甸猫与雌性的黑色美国短毛猫杂交产生的品种，所以同时具备缅甸猫亮丽的被毛和黑色美国短毛猫的金铜色眼睛；性格也是两者兼具，既有缅甸猫感情丰富的一面，也有美国短毛猫开朗阳光的一面。它们的性格活泼，好奇心旺盛、聪明、喜欢玩耍，性格就像狗狗一样。

原产地：美国	**诞生年份**：1965 年	**体重**：2.5~4.5 千克	
体型：短身体型	**被毛种类**：短毛	**被毛颜色**：黑色	
眼睛颜色：金铜色或琥珀色			

曼基康猫
Munchkin

41

样貌可爱、四肢短小是曼基康猫的最大特征。这种猫的名字源于电影《绿野仙踪》中登场的小矮人一族"Munchkins"，在英文中有"小家伙"的意思。2013年，一只身高只有13.34厘米的曼基康猫，获得吉尼斯世界纪录认证，成为"世界上最矮的家猫"。

曼基康猫的性格非常活泼，好奇心旺盛，好动，力气很大，与其娇小的身形形成了极大的反差。只不过因为腿短，与其他猫咪相比，它们的跳跃能力并不突出。因为在培育品种的过程中与多种猫杂交，曼基康猫至今仍被认为是杂交种。

Data	原产地：美国　诞生时期：20世纪90年代　体重：5.5~9.0千克
	体型：不完全外国体型　被毛种类：短毛、长毛　被毛颜色：全色
	眼睛颜色：全色

42 缅因猫
Maine Coon Cat

　　缅因猫是美国体形最大、最古老的猫品种之一，拥有可以适应北美洲严寒环境的厚实被毛，以及与猞猁一样健壮的身体。它们原产于美国缅因州，其身体上的斑纹及狩猎的习性与浣熊相似，因此它们的名字是由"Maine"（缅因州）和"Raccoon"（浣熊）组合而成。

　　缅因猫性格活泼，喜欢亲近人，不太认生，对其他猫咪、狗狗和小孩子也很友善。它们的叫声可爱，略微尖锐，与其高大的外形形成反差。缅因猫在家猫中属于体形较大的品种，据说要 4 年左右才完全停止发育。

Data			
原产地：美国	诞生时期：18 世纪 70 年代		体重：4.0~9.0 千克
体型：长型 & 大型体型	被毛种类：长毛	被毛颜色：全色	
眼睛颜色：由被毛的颜色决定			

欧洲短毛猫
European Shorthair

　　欧洲短毛猫是源于芬兰和瑞典的品种，也被称为"欧罗巴猫"或"凯尔特短毛猫"。它们原本是自然生长在欧洲村落的当地猫，与英国短毛猫和美国短毛猫一样，也是人们为了确立、保存一种猫品种而产生的。

　　欧洲短毛猫最大的特征是圆脸、圆眼睛和一对直立的耳朵。它们性格沉稳，喜欢玩耍，也喜欢亲近人，能与小孩子和狗狗友好相处。一般家猫的寿命为15岁，欧洲短毛猫的寿命稍长，为16~19岁。

Data		
原产地： 欧洲	**诞生年份：** 1982 年	**体重：** 3.5~7.0 千克
体型： 不完全短身体型	**被毛种类：** 短毛	**被毛颜色：** 全色
眼睛颜色： 由被毛的颜色决定		

布偶猫
Ragdoll

　　布偶猫的被毛厚且蓬松，属于体形比较大的猫，其名字在英文中有"玩偶"的意思。与一般的猫不同，布偶猫不会反抗人类的拥抱，会像玩偶一样乖乖地待在人类的怀里，也因此而得名。令人意外的是，它们出生时全身雪白，两年后脸部、四肢、尾巴上才会出现典型的斑纹。

　　布偶猫的尾巴长度与身体长度相当，全身肌肉结实；性格乖巧，喜欢亲近人，幼猫活泼贪玩，成年猫性格温和。布偶猫是体重可达7千克的大型猫，据说需要3~4年的时间才会完全发育成熟。

原产地：美国	诞生时期：20世纪60年代		体重：3.5~7.0千克
体型：长型&大型体型	被毛种类：长毛		
被毛颜色：海豹色、巧克力色、浅紫色（以上均为重点色），以及以蓝色为主的双色			
眼睛颜色：蓝色			

布偶猫拥有一身浓密的被毛，
每周需要悉心梳理2~3次。

45 拉邦猫
LaPerm

　　拉邦猫的特征是全身覆盖着柔软的卷毛。1982年，美国俄勒冈州经营农场的科尔夫妇饲养的猫产下一只幼猫，这便是拉邦猫的起源。这只幼猫刚出生时是无毛的，出生8周后慢慢开始长出被毛，几个月后全身的被毛变得蓬松、卷曲。拉邦猫作为一个品种，在2003年才得到公认。

　　拉邦猫的性格开朗，非常听主人的话，容易调教。不过，它们的好奇心较重，而且活泼好动，饲养时需要能够让它们进行充足运动的空间。还有一点要注意，拉邦猫成年后被毛会变薄，这是激素失衡引起的。

Data			
原产地：美国	**诞生年份**：1982年	**体重**：3.4~6.3千克	
体型：不完全外国体型	**被毛种类**：短毛、长毛	**被毛颜色**：全色	
眼睛颜色：全色			

俄罗斯蓝猫
Russian Blue

46

　　俄罗斯蓝猫拥有顺滑的蓝色被毛和迷人的翡翠绿双眼，体态优雅，曾深受俄罗斯沙皇和英国维多利亚女王的喜爱，也因此为人们所知。据说，在俄罗斯北部的天使岛和阿尔汉格尔斯克港口，自然环境下出生的猫便是俄罗斯蓝猫的祖先。

　　俄罗斯蓝猫特别听主人的话，性格安静、温顺，因此还被称为"无声猫"。同时，它们害羞、认生，还有些高傲，自我保护意识较强，脾气反复无常，但它们的体臭和口臭都不明显，容易饲养。俄罗斯蓝猫在幼年时期兼具成年猫的高傲和幼猫特有的可爱。

Data	原产地：俄罗斯	诞生时期：19 世纪	体重：2.2~5.0 千克
	体型：外国体型	被毛种类：短毛	被毛颜色：蓝色
	眼睛颜色：绿色		

俄罗斯蓝猫的尾巴长，四肢健硕，身形修长，肌肉发达。

出生仅仅5天的俄罗斯蓝猫。

图书在版编目（CIP）数据

　　小猫 / 日本日贩IPS编著；何凝一译. -- 贵阳：
贵州科技出版社, 2022.1（2025.3重印）
　　ISBN 978-7-5532-0976-0

　　Ⅰ. ①小… Ⅱ. ①日… ②何… Ⅲ. ①猫—青少年读
物 Ⅳ. ①S829.3-49

中国版本图书馆CIP数据核字(2021)第200409号

著作权合同登记号　　图字：22-2021-042
TITLE：［子猫の本］
BY：［日贩アイ・ピー・エス］
Copyright © 2018 NIPPAN-IPS CO., LTD
Original Japanese language edition published by NIPPAN IPS Co., Ltd.
All rights reserved. No part of this book may be reproduced in any form without the written permission of
the publisher.
Chinese translation rights arranged with NIPPAN IPS Co., Ltd.

本书由日本日贩IPS株式会社授权北京书中缘图书有限公司出品并由贵州科技出版社在中国范围
内独家出版本书中文简体字版本。

小猫
XIAOMAO

策划制作：北京书锦缘咨询有限公司
总 策 划：陈　庆
策　　划：宁月玲

编　　著：［日］日贩IPS
译　　者：何凝一
责任编辑：徐　梅
排版设计：柯秀翠
出版发行：贵州科技出版社
地　　址：贵阳市中天会展城会展东路A座（邮政编码：550081）
网　　址：http://www.gzstph.com
出 版 人：朱文迅
经　　销：全国各地新华书店
印　　刷：和谐彩艺印刷科技（北京）有限公司
版　　次：2022年1月第1版
印　　次：2025年3月第6次印刷
字　　数：176千字
印　　张：4
开　　本：889毫米×1194毫米　　1/32
书　　号：ISBN 978-7-5532-0976-0
定　　价：39.80元

天猫旗舰店：http://gzkjcbs.tmall.com